1
_____
8) 26.00

2
_____
7) 32.00

3
_____
3) 37.00

4
_____
3) 35.00

5
_____
4) 38.00

```
      6
    _____
 5) 44.00



      7
    _____
 4) 45.00



      8
    _____
 2) 35.00



      9
    _____
 6) 44.00



     10
    _____
 7) 24.00
```

11

3) 44.00

12

7) 26.00

13

6) 31.00

14

6) 37.00

15

7) 29.00

16
_____
8) 29.00

17
_____
4) 27.00

18
_____
5) 31.00

19
_____
8) 28.00

20
_____
7) 40.00

```
    21
  _____
8) 38.00



    22
  _____
6) 25.00



    23
  _____
7) 39.00



    24
  _____
6) 46.00



    25
  _____
4) 25.00
```

```
    26
   ____
6) 38.00



    27
   ____
5) 32.00



    28
   ____
8) 45.00



    29
   ____
3) 28.00



    30
   ____
5) 46.00
```

31
―――――――
7) 44.00

32
―――――――
7) 48.00

33
―――――――
8) 44.00

34
―――――――
7) 41.00

35
―――――――
2) 33.00

36
_____
6) 45.00

37
_____
8) 25.00

38
_____
7) 34.00

39
_____
5) 37.00

40
_____
8) 31.00

```
      41
    _____
 7) 30.00




      42
    _____
 4) 37.00




      43
    _____
 8) 47.00




      44
    _____
 8) 33.00




      45
    _____
 3) 43.00
```

```
      46
    _____
 6) 40.00



      47
    _____
 7) 47.00



      48
    _____
 6) 41.00



      49
    _____
 4) 46.00



      50
    _____
 3) 32.00
```

       51
    _____
    8) 41.00

       52
    _____
    5) 41.00

       53
    _____
    5) 27.00

       54
    _____
    2) 41.00

       55
    _____
    6) 47.00

```
      56
    _____
 2) 39.00


      57
    _____
 7) 27.00


      58
    _____
 7) 37.00


      59
    _____
 3) 31.00


      60
    _____
 3) 29.00
```

        61
    _____
    5) 39.00

        62
    _____
    4) 31.00

        63
    _____
    7) 33.00

        64
    _____
    4) 41.00

        65
    _____
    2) 31.00

66

───────────
4) 35.00

67

───────────
5) 47.00

68

───────────
2) 45.00

69

───────────
6) 39.00

70

───────────
8) 43.00

71

    _____
    8) 46.00

72

    _____
    6) 27.00

73

    _____
    4) 42.00

74

    _____
    5) 38.00

75

    _____
    6) 34.00

76
───────────
4) 43.00

77
───────────
7) 31.00

78
───────────
5) 43.00

79
───────────
5) 48.00

80
───────────
4) 34.00

```
    81
  _____
4) 29.00


    82
  _____
5) 42.00


    83
  _____
6) 28.00


    84
  _____
8) 42.00


    85
  _____
3) 38.00
```

86

      _____
    3) 25.00

87

      _____
    8) 34.00

88

      _____
    5) 34.00

89

      _____
    4) 39.00

90

      _____
    8) 36.00

91

_____
2) 29.00

92

_____
3) 47.00

93

_____
8) 39.00

94

_____
7) 45.00

95

_____
8) 27.00

96
_____
8) 30.00

97
_____
2) 47.00

98
_____
6) 33.00

99
_____
4) 30.00

100
_____
5) 28.00

101
_____
3) 46.00

102
_____
2) 43.00

103
_____
5) 33.00

104
_____
2) 37.00

105
_____
6) 29.00

106
_____
7) 46.00

107
_____
7) 25.00

108
_____
7) 38.00

109
_____
5) 26.00

110
_____
6) 35.00

111
———————
4) 33.00

112
———————
8) 35.00

113
———————
2) 25.00

114
———————
7) 36.00

115
———————
4) 26.00

116

6) 32.00

117

3) 34.00

118

8) 37.00

119

4) 47.00

120

3) 40.00

121
———
3) 26.00

122
———
5) 29.00

123
———
5) 36.00

124
———
6) 43.00

125
———
3) 41.00

126
_____
5) 24.00

127
_____
6) 26.00

128
_____
2) 27.00

129
_____
7) 43.00

130
_____
7) 57.00

```
     131
    _____
  8) 47.00



     132
    _____
 11) 56.00



     133
    _____
 12) 39.00



     134
    _____
 10) 49.00



     135
    _____
 12) 53.00
```

```
     136
    _____
10) 43.00


     137
    _____
11) 46.00


     138
    _____
9) 35.00


     139
    _____
12) 37.00


     140
    _____
11) 54.00
```

141
_____
10) 53.00

142
_____
9) 55.00

143
_____
12) 49.00

144
_____
12) 46.00

145
_____
7) 52.00

146
———————
8) 50.00

147
———————
9) 43.00

148
———————
9) 39.00

149
———————
12) 38.00

150
———————
11) 49.00

151
_____
10) 48.00

152
_____
8) 57.00

153
_____
10) 44.00

154
_____
12) 52.00

155
_____
7) 36.00

```
    156
   _____
7) 51.00



    157
   _____
6) 39.00



    158
   _____
8) 41.00



    159
   _____
6) 41.00



    160
   _____
12) 45.00
```

161

$$\frac{}{7) \; 38.00}$$

162

$$\frac{}{10) \; 51.00}$$

163

$$\frac{}{6) \; 50.00}$$

164

$$\frac{}{7) \; 50.00}$$

165

$$\frac{}{6) \; 45.00}$$

166
_____
8) 39.00

167
_____
6) 57.00

168
_____
7) 47.00

169
_____
7) 43.00

170
_____
12) 42.00

171

―――――――
10) 38.00

172

―――――――
7) 54.00

173

―――――――
10) 47.00

174

―――――――
9) 50.00

175

―――――――
12) 55.00

176

_____
11) 51.00

177

_____
10) 52.00

178

_____
11) 37.00

179

_____
12) 57.00

180

_____
11) 52.00

181
———————
9) 47.00

182
———————
12) 35.00

183
———————
6) 58.00

184
———————
9) 56.00

185
———————
9) 46.00

186

_____
9) 37.00

187

_____
11) 39.00

188

_____
6) 35.00

189

_____
9) 40.00

190

_____
9) 51.00

       191
    _____
 7) 55.00

       192
    _____
 7) 44.00

       193
    _____
 7) 58.00

       194
    _____
 6) 40.00

       195
    _____
 8) 38.00

196
_____
6) 56.00

197
_____
8) 45.00

198
_____
11) 57.00

199
_____
9) 58.00

200
_____
12) 44.00

201
———————
7) 45.00

202
———————
7) 48.00

203
———————
9) 52.00

204
———————
8) 51.00

205
———————
6) 46.00

206
_____
11) 58.00

207
_____
10) 45.00

208
_____
6) 49.00

209
_____
10) 57.00

210
_____
7) 46.00

211
———————
10) 37.00

212
———————
6) 51.00

213
———————
10) 41.00

214
———————
7) 40.00

215
———————
11) 36.00

216

11) 40.00

217

11) 41.00

218

12) 50.00

219

8) 46.00

220

6) 38.00

221

9) 41.00

222

8) 54.00

223

8) 49.00

224

11) 53.00

225

11) 50.00

226
_____
12) 47.00

227
_____
6) 53.00

228
_____
9) 38.00

229
_____
8) 36.00

230
_____
9) 49.00

231
_____
7) 53.00

232
_____
10) 39.00

233
_____
6) 55.00

234
_____
7) 37.00

235
_____
7) 39.00

236

_____
10) 35.00

237

_____
8) 42.00

238

_____
11) 42.00

239

_____
12) 56.00

240

_____
10) 36.00

241
———————
9) 53.00

242
———————
11) 47.00

243
———————
9) 57.00

244
———————
9) 42.00

245
———————
8) 52.00

246

---
11) 35.00

247

---
10) 58.00

248

---
11) 48.00

249

---
6) 47.00

250

---
8) 53.00

251

_____
10) 56.00

252

_____
10) 55.00

253

_____
8) 35.00

254

_____
8) 58.00

255

_____
11) 43.00

       256
    _____
 6) 37.00

       257
    _____
10) 42.00

       258
    _____
 8) 43.00

       259
    _____
 7) 41.00

       260
    _____
10) 54.00

261

12) 40.00

262

12) 51.00

263

6) 44.00

264

12) 43.00

265

11) 38.00

266

6) 52.00

267

12) 41.00

268

9) 48.00

269

9) 44.00

270

8) 37.00

271

8) 55.00

272

8) 44.00

273

12) 54.00

274

12) 58.00

275

6) 43.00

276
_____
10) 46.00

277
_____
17) 55.00

278
_____
15) 66.00

279
_____
15) 49.00

280
_____
14) 77.00

281
_____
16) 70.00

282
_____
17) 77.00

283
_____
14) 68.00

284
_____
14) 63.00

285
_____
16) 66.00

286
———————
17) 72.00

287
———————
12) 64.00

288
———————
15) 69.00

289
———————
14) 52.00

290
———————
17) 54.00

291

_____
14) 50.00

292

_____
16) 59.00

293

_____
15) 76.00

294

_____
12) 74.00

295

_____
12) 52.00

296

13) 55.00

297

16) 77.00

298

13) 48.00

299

15) 55.00

300

16) 79.00

301
─────────
16) 52.00

302
─────────
13) 59.00

303
─────────
13) 68.00

304
─────────
17) 62.00

305
─────────
15) 63.00

306

18) 71.00

307

16) 61.00

308

18) 73.00

309

18) 69.00

310

12) 56.00

311
―――――――
17) 53.00

312
―――――――
18) 64.00

313
―――――――
12) 73.00

314
―――――――
16) 69.00

315
―――――――
12) 65.00

316

17) 71.00

317

16) 73.00

318

13) 75.00

319

18) 70.00

320

12) 79.00

321
―――――
14) 78.00

322
―――――
16) 55.00

323
―――――
13) 50.00

324
―――――
15) 57.00

325
―――――
18) 57.00

326

_____
13) 72.00

327

_____
17) 80.00

328

_____
18) 78.00

329

_____
13) 54.00

330

_____
15) 77.00

331
_____
17) 58.00

332
_____
18) 56.00

333
_____
13) 73.00

334
_____
14) 65.00

335
_____
15) 65.00

336

$$\overline{14)\ 72.00}$$

337

$$\overline{16)\ 78.00}$$

338

$$\overline{15)\ 62.00}$$

339

$$\overline{15)\ 48.00}$$

340

$$\overline{12)\ 59.00}$$

341

_____
12) 75.00

342

_____
12) 76.00

343

_____
12) 70.00

344

_____
17) 57.00

345

_____
17) 61.00

346

_____
15) 51.00

347

_____
17) 70.00

348

_____
13) 64.00

349

_____
12) 69.00

350

_____
14) 57.00

351
_____
12) 80.00

352
_____
12) 55.00

353
_____
14) 62.00

354
_____
13) 57.00

355
_____
13) 56.00

356
_____
16) 60.00

357
_____
17) 78.00

358
_____
13) 49.00

359
_____
13) 53.00

360
_____
15) 72.00

361

18) 63.00

362

18) 58.00

363

13) 51.00

364

18) 65.00

365

16) 63.00

366
―――――――
16) 56.00

367
―――――――
17) 73.00

368
―――――――
17) 75.00

369
―――――――
15) 64.00

370
―――――――
14) 73.00

```
      371
     _____
17) 79.00


      372
     _____
18) 62.00


      373
     _____
15) 50.00


      374
     _____
17) 76.00


      375
     _____
18) 67.00
```

376

16) 54.00

377

13) 66.00

378

16) 68.00

379

12) 71.00

380

14) 51.00

381
———
18) 53.00

382
———
18) 49.00

383
———
13) 69.00

384
———
17) 74.00

385
———
13) 67.00

386

12) 68.00

387

12) 57.00

388

14) 54.00

389

15) 53.00

390

14) 60.00

391

12) 78.00

392

14) 71.00

393

12) 54.00

394

18) 66.00

395

18) 50.00

```
    396
   _____
15) 59.00



    397
   _____
14) 75.00



    398
   _____
18) 61.00



    399
   _____
16) 76.00



    400
   _____
17) 64.00
```

401
---
14) 49.00

402
---
18) 51.00

403
---
16) 62.00

404
---
16) 49.00

405
---
17) 65.00

406

15) 78.00

407

14) 55.00

408

13) 63.00

409

16) 50.00

410

14) 64.00

411
_____
18) 48.00

412
_____
16) 75.00

413
_____
18) 77.00

414
_____
14) 66.00

415
_____
16) 57.00

416
———
15) 80.00

417
———
18) 55.00

418
———
13) 71.00

419
———
13) 76.00

420
———
12) 61.00

421

─────────
15) 74.00

422

─────────
13) 70.00

423

─────────
12) 53.00

424

─────────
15) 56.00

425

─────────
16) 51.00

426
_____
16) 53.00

427
_____
17) 67.00

428
_____
13) 61.00

429
_____
13) 58.00

430
_____
12) 67.00

431
_____
14) 48.00

432
_____
14) 76.00

433
_____
14) 67.00

434
_____
18) 59.00

435
_____
16) 65.00

```
     436
    _____
17) 49.00



     437
    _____
18) 76.00



     438
    _____
17) 56.00



     439
    _____
18) 60.00



     440
    _____
15) 68.00
```

441
_____
14) 58.00

442
_____
18) 52.00

443
_____
12) 63.00

444
_____
18) 68.00

445
_____
15) 52.00

446

15) 67.00

447

13) 80.00

448

18) 74.00

449

14) 59.00

450

12) 49.00

451

16) 67.00

452

13) 62.00

453

15) 71.00

454

13) 79.00

455

17) 63.00

456

12) 62.00

457

13) 77.00

458

14) 80.00

459

16) 71.00

460

15) 70.00

461
———————
15) 58.00

462
———————
12) 66.00

463
———————
13) 74.00

464
———————
17) 52.00

465
———————
15) 73.00

466

17) 60.00

467

18) 80.00

468

14) 61.00

469

16) 72.00

470

13) 60.00

471
_____
17) 50.00

472
_____
14) 53.00

473
_____
17) 48.00

474
_____
18) 75.00

475
_____
12) 51.00

476

———————
14) 79.00

477

———————
15) 61.00

478

———————
14) 74.00

479

———————
14) 69.00

480

———————
16) 58.00

481

15) 79.00

482

12) 50.00

483

16) 74.00

484

15) 54.00

485

12) 77.00

486
_____
12) 58.00

487
_____
17) 66.00

488
_____
18) 79.00

489
_____
17) 59.00

490
_____
17) 69.00

491
_____
21) 107.00

492
_____
23) 90.00

493
_____
19) 79.00

494
_____
25) 95.00

495
_____
25) 94.00

496

24) 68.00

497

20) 117.00

498

18) 96.00

499

18) 100.00

500

5) 112.00

1

```
        3    R: 2
8 ) 26
       24
        2
```

2

```
        4    R: 4
7 ) 32
       28
        4
```

3

```
       12    R: 1
3 ) 37
       36
        1
```

4

```
       11    R: 2
3 ) 35
       33
        2
```

5

```
        9    R: 2
4 ) 38
       36
        2
```

6

```
      8    R: 4
5 ) 4 4
     40
      4
```

7

```
     11    R: 1
4 ) 4 5
     44
      1
```

8

```
     17    R: 1
2 ) 3 5
     34
      1
```

9

```
      7    R: 2
6 ) 4 4
     42
      2
```

10

```
      3    R: 3
7 ) 2 4
     21
      3
```

11

```
       14    R: 2
  3 ) 4 4
       42
        2
```

12

```
        3    R: 5
  7 ) 2 6
       21
        5
```

13

```
        5    R: 1
  6 ) 3 1
       30
        1
```

14

```
        6    R: 1
  6 ) 3 7
       36
        1
```

15

```
        4    R: 1
  7 ) 2 9
       28
        1
```

16

```
      3    R: 5
8 ) 29
     24
      5
```

17

```
      6    R: 3
4 ) 27
     24
      3
```

18

```
      6    R: 1
5 ) 31
     30
      1
```

19

```
      3    R: 4
8 ) 28
     24
      4
```

20

```
      5    R: 5
7 ) 40
     35
      5
```

21

```
        4    R: 6
  8 ) 38
       32
        6
```

22

```
        4    R: 1
  6 ) 25
       24
        1
```

23

```
        5    R: 4
  7 ) 39
       35
        4
```

24

```
        7    R: 4
  6 ) 46
       42
        4
```

25

```
        6    R: 1
  4 ) 25
       24
        1
```

26

```
      6    R: 2
6 ) 38
     36
      2
```

27

```
      6    R: 2
5 ) 32
     30
      2
```

28

```
      5    R: 5
8 ) 45
     40
      5
```

29

```
      9    R: 1
3 ) 28
     27
      1
```

30

```
      9    R: 1
5 ) 46
     45
      1
```

31

```
        6    R: 2
  7 ) 4 4
        4 2
          2
```

32

```
        6    R: 6
  7 ) 4 8
        4 2
          6
```

33

```
        5    R: 4
  8 ) 4 4
        4 0
          4
```

34

```
        5    R: 6
  7 ) 4 1
        3 5
          6
```

35

```
       1 6   R: 1
  2 ) 3 3
       3 2
         1
```

36

```
       7    R: 3
  6 ) 45
       42
        3
```

37

```
       3    R: 1
  8 ) 25
       24
        1
```

38

```
       4    R: 6
  7 ) 34
       28
        6
```

39

```
       7    R: 2
  5 ) 37
       35
        2
```

40

```
       3    R: 7
  8 ) 31
       24
        7
```

41

```
      4    R: 2
7 ) 30
     28
      2
```

42

```
      9    R: 1
4 ) 37
     36
      1
```

43

```
      5    R: 7
8 ) 47
     40
      7
```

44

```
      4    R: 1
8 ) 33
     32
      1
```

45

```
     14    R: 1
3 ) 43
     42
      1
```

46

```
        6    R: 4
6 ) 40
       36
        4
```

47

```
        6    R: 5
7 ) 47
       42
        5
```

48

```
        6    R: 5
6 ) 41
       36
        5
```

49

```
       11    R: 2
4 ) 46
       44
        2
```

50

```
       10    R: 2
3 ) 32
       30
        2
```

51

```
       5    R: 1
  8 ) 41
      40
       1
```

52

```
       8    R: 1
  5 ) 41
      40
       1
```

53

```
       5    R: 2
  5 ) 27
      25
       2
```

54

```
      20    R: 1
  2 ) 41
      40
       1
```

55

```
       7    R: 5
  6 ) 47
      42
       5
```

56

```
        19    R: 1
   2 ) 39
        38
         1
```

57

```
         3    R: 6
   7 ) 27
        21
         6
```

58

```
         5    R: 2
   7 ) 37
        35
         2
```

59

```
        10    R: 1
   3 ) 31
        30
         1
```

60

```
         9    R: 2
   3 ) 29
        27
         2
```

61

```
       7    R: 4
5 ) 39
      35
       4
```

62

```
       7    R: 3
4 ) 31
      28
       3
```

63

```
       4    R: 5
7 ) 33
      28
       5
```

64

```
      10    R: 1
4 ) 41
      40
       1
```

65

```
      15    R: 1
2 ) 31
      30
       1
```

66

```
        8    R: 3
  4 ) 35
       32
        3
```

67

```
        9    R: 2
  5 ) 47
       45
        2
```

68

```
       22    R: 1
  2 ) 45
       44
        1
```

69

```
        6    R: 3
  6 ) 39
       36
        3
```

70

```
        5    R: 3
  8 ) 43
       40
        3
```

71

```
      5   R: 6
8 ) 4 6
     40
      6
```

72

```
      4   R: 3
6 ) 2 7
     24
      3
```

73

```
     10   R: 2
4 ) 4 2
     40
      2
```

74

```
      7   R: 3
5 ) 3 8
     35
      3
```

75

```
      5   R: 4
6 ) 3 4
     30
      4
```

76

```
       10    R: 3
  4 ) 43
       40
        3
```

77

```
        4    R: 3
  7 ) 31
       28
        3
```

78

```
        8    R: 3
  5 ) 43
       40
        3
```

79

```
        9    R: 3
  5 ) 48
       45
        3
```

80

```
        8    R: 2
  4 ) 34
       32
        2
```

81

```
        7    R: 1
 4 ) 29
      28
       1
```

82

```
        8    R: 2
 5 ) 42
      40
       2
```

83

```
        4    R: 4
 6 ) 28
      24
       4
```

84

```
        5    R: 2
 8 ) 42
      40
       2
```

85

```
       12    R: 2
 3 ) 38
      36
       2
```

86

```
        8    R: 1
3 ) 25
       24
        1
```

87

```
        4    R: 2
8 ) 34
       32
        2
```

88

```
        6    R: 4
5 ) 34
       30
        4
```

89

```
        9    R: 3
4 ) 39
       36
        3
```

90

```
        4    R: 4
8 ) 36
       32
        4
```

91

```
       14    R: 1
  2 ) 29
       28
        1
```

92

```
       15    R: 2
  3 ) 47
       45
        2
```

93

```
        4    R: 7
  8 ) 39
       32
        7
```

94

```
        6    R: 3
  7 ) 45
       42
        3
```

95

```
        3    R: 3
  8 ) 27
       24
        3
```

96
```
       3    R: 6
  8 ) 30
      24
       6
```

97
```
      23    R: 1
  2 ) 47
      46
       1
```

98
```
       5    R: 3
  6 ) 33
      30
       3
```

99
```
       7    R: 2
  4 ) 30
      28
       2
```

100
```
       5    R: 3
  5) 28
     25
      3
```

101

```
      15    R: 1
 3 ) 46
      45
       1
```

102

```
      21    R: 1
 2 ) 43
      42
       1
```

103

```
       6    R: 3
 5 ) 33
      30
       3
```

104

```
      18    R: 1
 2 ) 37
      36
       1
```

105

```
       4    R: 5
 6 ) 29
      24
       5
```

106

```
       6    R: 4
  7 ) 46
       42
        4
```

107

```
       3    R: 4
  7 ) 25
       21
        4
```

108

```
       5    R: 3
  7 ) 38
       35
        3
```

109

```
       5    R: 1
  5 ) 26
       25
        1
```

110

```
       5    R: 5
  6 ) 35
       30
        5
```

111

```
        8    R: 1
4 ) 33
       32
        1
```

112

```
        4    R: 3
8 ) 35
       32
        3
```

113

```
       12    R: 1
2 ) 25
       24
        1
```

114

```
        5    R: 1
7 ) 36
       35
        1
```

115

```
  6    R: 2
4 ) 26
     24
      2
```

116

```
        5     R: 2
 6 ) 32
       30
        2
```

117

```
       11     R: 1
 3 ) 34
      33
            1
```

118

```
        4     R: 5
 8 ) 37
       32
            5
```

119

```
       11    R: 3
 4 ) 47
      44
  3
```

120

```
       13    R: 1
 3 ) 40
      39
  1
```

121

```
        8    R: 2
3 ) 26
       24
 2
```

122

```
        5    R: 4
5 ) 29
       25
 4
```

123

```
        7    R: 1
5 ) 36
       35
 1
```

124

```
        7    R: 1
6 ) 43
       42
 1
```

125

```
       13    R: 2
3 ) 41
       39
 2
```

126

```
       4    R: 4
5 ) 24
       20
   4
```

127

```
       4    R: 2
6 ) 26
       24
   2
```

128

```
      13    R: 1
2 ) 27
      26
  1
```

129

```
       6    R: 1
7 ) 43
      42
   1
```

130

```
       8    R: 1
7 ) 57
      56
   1
```

131

```
       5    R: 7
  8 )47
        40
   7
```

132

```
       5    R: 1
 11 )56
        55
   1
```

133

```
       3    R: 3
 12 )39
        36
   3
```

134

```
       4    R: 9
 10 )49
        40
   9
```

135

```
       4    R: 5
 12 )53
        48
   5
```

136
```
          4    R: 3
   10 ) 43
         40
       3
```

137
```
          4    R: 2
   11 ) 46
         44
       2
```

138
```
          3    R: 8
   9 ) 35
        27
       8
```

139
```
          3    R: 1
   12 ) 37
         36
       1
```

140
```
          4    R: 10
   11 ) 54
         44
        10
```

141

```
        5    R: 3
10 ) 53
       50
        3
```

142

```
        6    R: 1
 9 ) 55
       54
        1
```

143

```
        4    R: 1
12 ) 49
       48
        1
```

144

```
        3    R: 10
12 ) 46
       36
       10
```

145

```
        7    R: 3
 7 ) 52
       49
        3
```

146

```
       6    R: 2
 8 ) 50
      48
       2
```

147

```
       4    R: 7
 9 ) 43
      36
       7
```

148

```
       4    R: 3
 9 ) 39
      36
       3
```

149

```
       3    R: 2
12 ) 38
      36
       2
```

150

```
       4    R: 5
11 ) 49
      44
       5
```

151
```
         4    R: 8
   10 ) 48
        40
         8
```

152
```
         7    R: 1
    8 ) 57
        56
         1
```

153
```
         4    R: 4
   10 ) 44
        40
         4
```

154
```
         4    R: 4
   12 ) 52
        48
         4
```

155
```
         5    R: 1
    7 ) 36
        35
         1
```

156

```
       7    R: 2
7 ) 51
     49
      2
```

157

```
       6    R: 3
6 ) 39
     36
      3
```

158

```
       5    R: 1
8 ) 41
     40
      1
```

159

```
       6    R: 5
6 ) 41
     36
      5
```

160

```
        3    R: 9
12 ) 45
      36
       9
```

161
```
      5    R: 3
 7 ) 38
     35
      3
```

162
```
      5    R: 1
10 ) 51
     50
      1
```

163
```
      8    R: 2
 6 ) 50
     48
      2
```

164
```
      7    R: 1
 7 ) 50
     49
      1
```

165
```
      7    R: 3
 6 ) 45
     42
      3
```

166

```
         4    R: 7
    8 ) 39
        32
         7
```

167

```
         9    R: 3
    6 ) 57
        54
         3
```

168

```
         6    R: 5
    7 ) 47
        42
         5
```

169

```
         6    R: 1
    7 ) 43
        42
         1
```

170

```
         3    R: 6
   12 ) 42
        36
         6
```

171

```
         3    R: 8
  10 ) 38
        30
         8
```

172

```
         7    R: 5
   7 ) 54
        49
         5
```

173

```
         4    R: 7
  10 ) 47
        40
         7
```

174

```
         5    R: 5
   9 ) 50
        45
         5
```

175

```
         4    R: 7
  12 ) 55
        48
         7
```

176

```
         4      R: 7
  11 ) 51
        44
         7
```

177

```
         5      R: 2
  10 ) 52
        50
         2
```

178

```
         3      R: 4
  11 ) 37
        33
         4
```

179

```
         4      R: 9
  12 ) 57
        48
         9
```

180

```
         4      R: 8
  11 ) 52
        44
         8
```

181
```
         5    R: 2
    9 ) 47
        45
         2
```

182
```
         2    R: 11
   12 ) 35
        24
        11
```

183
```
         9    R: 4
    6 ) 58
        54
         4
```

184
```
         6    R: 2
    9 ) 56
        54
         2
```

185
```
         5    R: 1
    9 ) 46
        45
         1
```

186

```
        4    R: 1
9 ) 37
       36
        1
```

187

```
         3    R: 6
11 ) 39
        33
         6
```

188

```
        5    R: 5
6 ) 35
       30
        5
```

189

```
        4    R: 4
9 ) 40
       36
        4
```

190

```
        5    R: 6
9 ) 51
       45
        6
```

191

```
        7    R: 6
   7 ) 55
       49
        6
```

192

```
        6    R: 2
   7 ) 44
       42
        2
```

193

```
        8    R: 2
   7 ) 58
       56
        2
```

194

```
        6    R: 4
   6 ) 40
       36
        4
```

195

```
        4    R: 6
   8 ) 38
       32
        6
```

196
```
        9    R: 2
 6 ) 56
       54
        2
```

197
```
        5    R: 5
 8 ) 45
       40
        5
```

198
```
         5    R: 2
 11 ) 57
        55
         2
```

199
```
        6    R: 4
 9 ) 58
       54
        4
```

200
```
         3    R: 8
 12 ) 44
        36
         8
```

201

```
      6    R: 3
7 ) 45
     42
      3
```

202

```
      6    R: 6
7 ) 48
     42
      6
```

203

```
      5    R: 7
9 ) 52
     45
      7
```

204

```
      6    R: 3
8 ) 51
     48
      3
```

205

```
      7    R: 4
6 ) 46
     42
      4
```

206

```
        5    R: 3
11 ) 58
       55
        3
```

207

```
        4    R: 5
10 ) 45
       40
        5
```

208

```
        8    R: 1
 6 ) 49
       48
        1
```

209

```
        5    R: 7
10 ) 57
       50
        7
```

210

```
        6    R: 4
 7 ) 46
       42
        4
```

211

```
        3    R: 7
10 ) 37
       30
        7
```

212

```
        8    R: 3
 6 ) 51
       48
        3
```

213

```
        4    R: 1
10 ) 41
       40
        1
```

214

```
        5    R: 5
 7 ) 40
       35
        5
```

215

```
        3    R: 3
11 ) 36
       33
        3
```

216

```
        3    R: 7
11 ) 40
      33
       7
```

217

```
        3    R: 8
11 ) 41
      33
       8
```

218

```
        4    R: 2
12 ) 50
      48
       2
```

219

```
       5    R: 6
8 ) 46
     40
      6
```

220

```
       6    R: 2
6 ) 38
     36
      2
```

221

```
      4    R: 5
 9 ) 41
     36
      5
```

222

```
      6    R: 6
 8 ) 54
     48
      6
```

223

```
      6    R: 1
 8 ) 49
     48
      1
```

224

```
       4    R: 9
 11 ) 53
      44
       9
```

225

```
       4    R: 6
 11 ) 50
      44
       6
```

226

```
         3      R: 11
 12 ) 47
       36
       11
```

227

```
         8     R: 5
  6 ) 53
       48
        5
```

228

```
         4     R: 2
  9 ) 38
       36
        2
```

229

```
         4     R: 4
  8 ) 36
       32
        4
```

230

```
         5     R: 4
  9 ) 49
       45
        4
```

231

```
        7    R: 4
  7 ) 53
       49
        4
```

232

```
        3    R: 9
 10 ) 39
       30
        9
```

233

```
        9    R: 1
  6 ) 55
       54
        1
```

234

```
        5    R: 2
  7 ) 37
       35
        2
```

235

```
        5    R: 4
  7 ) 39
       35
        4
```

236
```
         3     R: 5
   10 ) 35
        30
         5
```

237
```
         5     R: 2
    8 ) 42
        40
         2
```

238
```
         3     R: 9
   11 ) 42
        33
         9
```

239
```
         4     R: 8
   12 ) 56
        48
         8
```

240
```
         3     R: 6
   10 ) 36
        30
         6
```

241
```
       5    R: 8
  9 ) 53
      45
       8
```

242
```
        4    R: 3
  11 ) 47
       44
        3
```

243
```
       6    R: 3
  9 ) 57
      54
       3
```

244
```
       4    R: 6
  9 ) 42
      36
       6
```

245
```
       6    R: 4
  8 ) 52
      48
       4
```

246

$$\begin{array}{r} 3 \\ 11\overline{)35} \\ \underline{33} \\ 2 \end{array}$$ R: 2

247

$$\begin{array}{r} 5 \\ 10\overline{)58} \\ \underline{50} \\ 8 \end{array}$$ R: 8

248

$$\begin{array}{r} 4 \\ 11\overline{)48} \\ \underline{44} \\ 4 \end{array}$$ R: 4

249

$$\begin{array}{r} 7 \\ 6\overline{)47} \\ \underline{42} \\ 5 \end{array}$$ R: 5

250

$$\begin{array}{r} 6 \\ 8\overline{)53} \\ \underline{48} \\ 5 \end{array}$$ R: 5

251

```
        5    R: 6
10 ) 56
       50
        6
```

252

```
        5    R: 5
10 ) 55
       50
        5
```

253

```
       4    R: 3
8 ) 35
      32
       3
```

254

```
       7    R: 2
8 ) 58
      56
       2
```

255

```
        3    R: 10
11 ) 43
       33
       10
```

256

```
          6    R: 1
  6 ) 37
        36
         1
```

257

```
          4    R: 2
 10 ) 42
        40
         2
```

258

```
          5    R: 3
  8 ) 43
        40
         3
```

259

```
          5    R: 6
  7 ) 41
        35
         6
```

260

```
          5    R: 4
 10 ) 54
        50
         4
```

261

```
        3     R: 4
12 ) 40
     36
      4
```

262

```
        4     R: 3
12 ) 51
     48
      3
```

263

```
        7     R: 2
 6 ) 44
     42
      2
```

264

```
        3     R: 7
12 ) 43
     36
      7
```

265

```
        3     R: 5
11 ) 38
     33
      5
```

266

```
        8    R: 4
 6 ) 52
      48
       4
```

267

```
         3    R: 5
 12 ) 41
       36
        5
```

268

```
        5    R: 3
 9 ) 48
      45
       3
```

269

```
        4    R: 8
 9 ) 44
      36
       8
```

270

```
        4    R: 5
 8 ) 37
      32
       5
```

271

```
         6    R: 7
    8 ) 55
        48
         7
```

272

```
         5    R: 4
    8 ) 44
        40
         4
```

273

```
          4    R: 6
    12 ) 54
         48
          6
```

274

```
          4    R: 10
    12 ) 58
         48
         10
```

275

```
         7    R: 1
    6 ) 43
        42
         1
```

276

```
         4    R: 6
10 ) 46
     40
      6
```

277

```
         3    R: 4
17 ) 55
     51
      4
```

278

```
         4    R: 6
15 ) 66
     60
      6
```

279

```
         3    R: 4
15 ) 49
     45
      4
```

280

```
         5    R: 7
14 ) 77
     70
      7
```

281

```
        4    R: 6
  16 ) 70
       64
        6
```

282

```
        4    R: 9
  17 ) 77
       68
        9
```

283

```
        4    R: 12
  14 ) 68
       56
       12
```

284

```
        4    R: 7
  14 ) 63
       56
        7
```

285

```
        4    R: 2
  16 ) 66
       64
        2
```

286

```
          4     R: 4
    17 ) 72
         68
          4
```

287

```
          5     R: 4
    12 ) 64
         60
          4
```

288

```
          4     R: 9
    15 ) 69
         60
          9
```

289

```
          3     R: 10
    14 ) 52
         42
         10
```

290

```
          3     R: 3
    17 ) 54
         51
          3
```

291

```
        3     R: 8
   14 ) 50
        42
         8
```

292

```
        3     R: 11
   16 ) 59
        48
        11
```

293

```
        5     R: 1
   15 ) 76
        75
         1
```

294

```
        6     R: 2
   12 ) 74
        72
         2
```

295

```
        4     R: 4
   12 ) 52
        48
         4
```

296

$$\begin{array}{r} 4 \\ 13\overline{)55} \\ \underline{52} \\ 3 \end{array}$$ R: 3

297

$$\begin{array}{r} 4 \\ 16\overline{)77} \\ \underline{64} \\ 13 \end{array}$$ R: 13

298

$$\begin{array}{r} 3 \\ 13\overline{)48} \\ \underline{39} \\ 9 \end{array}$$ R: 9

299

$$\begin{array}{r} 3 \\ 15\overline{)55} \\ \underline{45} \\ 10 \end{array}$$ R: 10

300

$$\begin{array}{r} 4 \\ 16\overline{)79} \\ \underline{64} \\ 15 \end{array}$$ R: 15

301

```
         3     R: 4
   16 ) 52
        48
         4
```

302

```
         4     R: 7
   13 ) 59
        52
         7
```

303

```
         5     R: 3
   13 ) 68
        65
         3
```

304

```
         3     R: 11
   17 ) 62
        51
        11
```

305

```
         4     R: 3
   15 ) 63
        60
         3
```

306

```
         3     R: 17
   18 ) 71
        54
        17
```

307

```
         3     R: 13
   16 ) 61
        48
        13
```

308

```
         4     R: 1
   18 ) 73
        72
         1
```

309

```
         3     R: 15
   18 ) 69
        54
        15
```

310

```
         4     R: 8
   12 ) 56
        48
         8
```

311

```
        3     R: 2
17 ) 53
     51
      2
```

312

```
        3     R: 10
18 ) 64
     54
     10
```

313

```
        6     R: 1
12 ) 73
     72
      1
```

314

```
        4     R: 5
16 ) 69
     64
      5
```

315

```
        5     R: 5
12 ) 65
     60
      5
```

316
```
        4    R: 3
   17 ) 71
        68
         3
```

317
```
        4    R: 9
   16 ) 73
        64
         9
```

318
```
        5    R: 10
   13 ) 75
        65
        10
```

319
```
        3    R: 16
   18 ) 70
        54
        16
```

320
```
        6    R: 7
   12 ) 79
        72
         7
```

321

```
       5     R: 8
14 ) 78
     70
      8
```

322

```
       3     R: 7
16 ) 55
     48
      7
```

323

```
       3     R: 11
13 ) 50
     39
     11
```

324

```
       3     R: 12
15 ) 57
     45
     12
```

325

```
       3     R: 3
18 ) 57
     54
      3
```

326

```
        5   R: 7
  13 ) 72
       65
        7
```

327

```
        4   R: 12
  17 ) 80
       68
       12
```

328

```
        4   R: 6
  18 ) 78
       72
        6
```

329

```
        4   R: 2
  13 ) 54
       52
        2
```

330

```
        5   R: 2
  15 ) 77
       75
        2
```

331

```
         3     R: 7
   17 ) 58
         51
          7
```

332

```
         3     R: 2
   18 ) 56
         54
          2
```

333

```
         5     R: 8
   13 ) 73
         65
          8
```

334

```
         4     R: 9
   14 ) 65
         56
          9
```

335

```
         4     R: 5
   15 ) 65
         60
          5
```

336
```
        5    R: 2
14 ) 72
     70
      2
```

337
```
        4    R: 14
16 ) 78
     64
     14
```

338
```
        4    R: 2
15 ) 62
     60
      2
```

339
```
        3    R: 3
15 ) 48
     45
      3
```

340
```
        4    R: 11
12 ) 59
     48
     11
```

341

```
        6    R: 3
   12 ) 75
        72
         3
```

342

```
        6    R: 4
   12 ) 76
        72
         4
```

343

```
        5    R: 10
   12 ) 70
        60
        10
```

344

```
        3    R: 6
   17 ) 57
        51
         6
```

345

```
        3    R: 10
   17 ) 61
        51
        10
```

346

```
         3    R: 6
    15 ) 51
         45
          6
```

347

```
         4    R: 2
    17 ) 70
         68
          2
```

348

```
         4    R: 12
    13 ) 64
         52
         12
```

349

```
         5    R: 9
    12 ) 69
         60
          9
```

350

```
         4    R: 1
    14 ) 57
         56
          1
```

351
```
         6    R: 8
    12 ) 80
        72
         8
```

352
```
         4    R: 7
    12 ) 55
        48
         7
```

353
```
         4    R: 6
    14 ) 62
        56
         6
```

354
```
         4    R: 5
    13 ) 57
        52
         5
```

355
```
         4    R: 4
    13 ) 56
        52
         4
```

356

```
        3    R: 12
  16 ) 60
       48
       12
```

357

```
        4    R: 10
  17 ) 78
       68
       10
```

358

```
        3    R: 10
  13 ) 49
       39
       10
```

359

```
        4    R: 1
  13 ) 53
       52
        1
```

360

```
        4    R: 12
  15 ) 72
       60
       12
```

361

```
         3    R: 9
   18 ) 63
        54
         9
```

362

```
         3    R: 4
   18 ) 58
        54
         4
```

363

```
         3    R: 12
   13 ) 51
        39
        12
```

364

```
         3    R: 11
   18 ) 65
        54
        11
```

365

```
         3    R: 15
   16 ) 63
        48
        15
```

366

```
         3     R: 8
   16 ) 56
        48
         8
```

367

```
         4     R: 5
   17 ) 73
        68
         5
```

368

```
         4     R: 7
   17 ) 75
        68
         7
```

369

```
         4     R: 4
   15 ) 64
        60
         4
```

370

```
         5     R: 3
   14 ) 73
        70
         3
```

371

```
          4    R: 11
   17 ) 79
         68
         11
```

372

```
          3    R: 8
   18 ) 62
         54
          8
```

373

```
          3    R: 5
   15 ) 50
         45
          5
```

374

```
          4    R: 8
   17 ) 76
         68
          8
```

375

```
          3    R: 13
   18 ) 67
         54
         13
```

376

```
        3     R: 6
   16 ) 54
        48
         6
```

377

```
        5     R: 1
   13 ) 66
        65
         1
```

378

```
        4     R: 4
   16 ) 68
        64
         4
```

379

```
        5     R: 11
   12 ) 71
        60
        11
```

380

```
        3     R: 9
   14 ) 51
        42
         9
```

381
```
        2     R: 17
  18 ) 53
       36
       17
```

382
```
        2     R: 13
  18 ) 49
       36
       13
```

383
```
        5     R: 4
  13 ) 69
       65
        4
```

384
```
        4     R: 6
  17 ) 74
       68
        6
```

385
```
        5     R: 2
  13 ) 67
       65
        2
```

386

```
        5    R: 8
  12 ) 68
       60
        8
```

387

```
        4    R: 9
  12 ) 57
       48
        9
```

388

```
        3    R: 12
  14 ) 54
       42
       12
```

389

```
        3    R: 8
  15 ) 53
       45
        8
```

390

```
        4    R: 4
  14 ) 60
       56
        4
```

391
```
        6    R: 6
   12 ) 78
        72
         6
```

392
```
        5    R: 1
   14 ) 71
        70
         1
```

393
```
        4    R: 6
   12 ) 54
        48
         6
```

394
```
        3    R: 12
   18 ) 66
        54
        12
```

395
```
        2    R: 14
   18 ) 50
        36
        14
```

396

```
         3     R: 14
   15 ) 59
        45
        14
```

397

```
         5     R: 5
   14 ) 75
        70
         5
```

398

```
         3     R: 7
   18 ) 61
        54
         7
```

399

```
         4     R: 12
   16 ) 76
        64
        12
```

400

```
         3     R: 13
   17 ) 64
        51
        13
```

401
```
       3    R: 7
  14 ) 49
       42
        7
```

402
```
       2    R: 15
  18 ) 51
       36
       15
```

403
```
       3    R: 14
  16 ) 62
       48
       14
```

404
```
       3    R: 1
  16 ) 49
       48
        1
```

405
```
       3    R: 14
  17 ) 65
       51
       14
```

406

```
        5    R: 3
   15 ) 78
        75
         3
```

407

```
        3    R: 13
   14 ) 55
        42
        13
```

408

```
        4    R: 11
   13 ) 63
        52
        11
```

409

```
        3    R: 2
   16 ) 50
        48
         2
```

410

```
        4    R: 8
   14 ) 64
        56
         8
```

411

```
          2     R: 12
    18 ) 48
         36
         12
```

412

```
          4     R: 11
    16 ) 75
         64
         11
```

413

```
          4     R: 5
    18 ) 77
         72
          5
```

414

```
          4     R: 10
    14 ) 66
         56
         10
```

415

```
          3     R: 9
    16 ) 57
         48
          9
```

416

```
        5    R: 5
15 ) 80
     75
      5
```

417

```
        3    R: 1
18 ) 55
     54
      1
```

418

```
        5    R: 6
13 ) 71
     65
      6
```

419

```
        5    R: 11
13 ) 76
     65
     11
```

420

```
        5    R: 1
12 ) 61
     60
      1
```

421

```
         4     R: 14
15 ) 74
        60
        14
```

422

```
         5     R: 5
13 ) 70
        65
         5
```

423

```
         4     R: 5
12 ) 53
        48
         5
```

424

```
         3     R: 11
15 ) 56
        45
        11
```

425

```
         3     R: 3
16 ) 51
        48
         3
```

426

```
         3     R: 5
   16 ) 53
         48
          5
```

427

```
         3     R: 16
   17 ) 67
         51
         16
```

428

```
         4     R: 9
   13 ) 61
         52
          9
```

429

```
         4     R: 6
   13 ) 58
         52
          6
```

430

```
         5     R: 7
   12 ) 67
         60
          7
```

431

```
          3      R: 6
    14 ) 48
         42
          6
```

432

```
          5      R: 6
    14 ) 76
         70
          6
```

433

```
          4      R: 11
    14 ) 67
         56
         11
```

434

```
          3      R: 5
    18 ) 59
         54
          5
```

435

```
          4      R: 1
    16 ) 65
         64
          1
```

436

```
        2    R: 15
17 ) 49
       34
       15
```

437

```
        4    R: 4
18 ) 76
       72
        4
```

438

```
        3    R: 5
17 ) 56
       51
        5
```

439

```
        3    R: 6
18 ) 60
       54
        6
```

440

```
        4    R: 8
15 ) 68
       60
        8
```

441

```
        4    R: 2
  14 ) 58
       56
        2
```

442

```
        2    R: 16
  18 ) 52
       36
       16
```

443

```
        5    R: 3
  12 ) 63
       60
        3
```

444

```
        3    R: 14
  18 ) 68
       54
       14
```

445

```
        3    R: 7
  15 ) 52
       45
        7
```

446

```
         4     R: 7
   15 ) 67
        60
         7
```

447

```
         6     R: 2
   13 ) 80
        78
         2
```

448

```
         4     R: 2
   18 ) 74
        72
         2
```

449

```
         4     R: 3
   14 ) 59
        56
         3
```

450

```
         4     R: 1
   12 ) 49
        48
         1
```

451

```
       4    R: 3
16 ) 67
     64
      3
```

452

```
       4    R: 10
13 ) 62
     52
     10
```

453

```
       4    R: 11
15 ) 71
     60
     11
```

454

```
       6    R: 1
13 ) 79
     78
      1
```

455

```
       3    R: 12
17 ) 63
     51
     12
```

456

```
        5     R: 2
12 ) 62
     60
      2
```

457

```
        5     R: 12
13 ) 77
     65
     12
```

458

```
        5     R: 10
14 ) 80
     70
     10
```

459

```
        4     R: 7
16 ) 71
     64
      7
```

460

```
        4     R: 10
15 ) 70
     60
     10
```

461

```
        3    R: 13
   15 ) 58
        45
        13
```

462

```
        5    R: 6
   12 ) 66
        60
         6
```

463

```
        5    R: 9
   13 ) 74
        65
         9
```

464

```
        3    R: 1
   17 ) 52
        51
         1
```

465

```
        4    R: 13
   15 ) 73
        60
        13
```

466

$$\begin{array}{r} 3\ \ \text{R: }9 \\ 17\,)\,\overline{60} \\ \underline{51} \\ 9 \end{array}$$

467

$$\begin{array}{r} 4\ \ \text{R: }8 \\ 18\,)\,\overline{80} \\ \underline{72} \\ 8 \end{array}$$

468

$$\begin{array}{r} 4\ \ \text{R: }5 \\ 14\,)\,\overline{61} \\ \underline{56} \\ 5 \end{array}$$

469

$$\begin{array}{r} 4\ \ \text{R: }8 \\ 16\,)\,\overline{72} \\ \underline{64} \\ 8 \end{array}$$

470

$$\begin{array}{r} 4\ \ \text{R: }8 \\ 13\,)\,\overline{60} \\ \underline{52} \\ 8 \end{array}$$

471

```
        2     R: 16
   17 ) 50
        34
        16
```

472

```
        3     R: 11
   14 ) 53
        42
        11
```

473

```
        2     R: 14
   17 ) 48
        34
        14
```

474

```
        4     R: 3
   18 ) 75
        72
         3
```

475

```
        4     R: 3
   12 ) 51
        48
         3
```

476

```
         5    R: 9
  14 ) 79
        70
         9
```

477

```
         4    R: 1
  15 ) 61
        60
         1
```

478

```
         5    R: 4
  14 ) 74
        70
         4
```

479

```
         4    R: 13
  14 ) 69
        56
        13
```

480

```
         3    R: 10
  16 ) 58
        48
        10
```

481

```
        5    R: 4
   15 ) 79
        75
         4
```

482

```
        4    R: 2
   12 ) 50
        48
         2
```

483

```
        4    R: 10
   16 ) 74
        64
        10
```

484

```
        3    R: 9
   15 ) 54
        45
         9
```

485

```
        6    R: 5
   12 ) 77
        72
         5
```

486

```
          4     R: 10
    12 ) 58
         48
         10
```

487

```
          3     R: 15
    17 ) 66
         51
         15
```

488

```
          4     R: 7
    18 ) 79
         72
          7
```

489

```
          3     R: 8
    17 ) 59
         51
          8
```

490

```
          4     R: 1
    17 ) 69
         68
          1
```

491

```
          5     R: 2
    21 ) 107
         105
           2
```

492

```
         3     R: 21
    23 ) 90
         69
         21
```

493

```
         4     R: 3
    19 ) 79
         76
          3
```

494

```
         3     R: 20
    25 ) 95
         75
         20
```

495

```
         3     R: 19
    25 ) 94
         75
         19
```

496

```
          2    R: 20
   24 ) 68
        48
        20
```

497

```
          5    R: 17
   20 ) 117
        100
         17
```

498

```
          5    R: 6
   18 ) 96
        90
         6
```

499

```
          5    R: 10
   18 ) 100
        90
        10
```

500

```
          4    R: 12
   25 ) 112
        100
         12
```

1
```
       3.25
8 ) 26.00
     24
      20
      16
       40
```

2
```
       4.57
7 ) 32.00
     28
      40
      35
       50
```

3
```
      12.33
3 ) 37.00
    36
     10
      9
      10
```

4
```
      11.66
3 ) 35.00
    33
     20
     18
      20
```

5
```
       9.5
4 ) 38.00
    36
     20
     20
      0
```

6.
```
        8.8
  5 )44.00
     40
      40
      40
       0
```

7.
```
       11.25
  4 )45.00
     44
      10
       8
      20
```

8.
```
       17.5
  2 )35.00
     34
      10
      10
       0
```

9.
```
        7.33
  6 )44.00
     42
      20
      18
      20
```

10.
```
        3.42
  7 )24.00
     21
      30
      28
      20
```

11
```
      14.66
   3 )44.00
      42
        20
        18
        20
```

12
```
      3.71
   7 )26.00
      21
        50
        49
        10
```

13
```
      5.16
   6 )31.00
      30
        10
         6
        40
```

14
```
      6.16
   6 )37.00
      36
        10
         6
        40
```

15
```
       4.14
   7 )29.00
      28
        10
         7
        30
```

16
```
        3.62
8 ) 29.00
      24
         50
         48
         20
```

17
```
        6.75
4 ) 27.00
      24
         30
         28
         20
```

18
```
        6.2
5 ) 31.00
      30
         10
         10
          0
```

19
```
        3.5
8 ) 28.00
      24
         40
         40
          0
```

20
```
        5.71
7 ) 40.00
      35
         50
         49
         10
```

21
```
        4.75
8 ) 38.00
       32
          60
          56
          40
```

22
```
        4.16
6 ) 25.00
       24
          10
           6
          40
```

23
```
        5.57
7 ) 39.00
       35
          40
          35
          50
```

24
```
        7.66
6 ) 46.00
       42
          40
          36
          40
```

25
```
        6.25
4 ) 25.00
       24
          10
           8
          20
```

26
```
        6.33
6 ) 38.00
     36
        20
        18
        20
```

27
```
        6.4
5 ) 32.00
     30
        20
        20
         0
```

28
```
        5.62
8 ) 45.00
     40
        50
        48
        20
```

29
```
        9.33
3 ) 28.00
     27
        10
         9
        10
```

30
```
        9.2
5 ) 46.00
     45
        10
        10
         0
```

31
```
        6.28
7 ) 44.00
     42
        20
        14
        60
```

32
```
        6.85
7 ) 48.00
     42
        60
        56
        40
```

33
```
        5.5
8 ) 44.00
     40
        40
        40
         0
```

34
```
        5.85
7 ) 41.00
     35
        60
        56
        40
```

35
```
       16.5
2 ) 33.00
     32
        10
        10
         0
```

36
```
        7.5
6 ) 45.00
     42
        30
        30
         0
```

37
```
        3.12
8 ) 25.00
     24
        10
         8
        20
```

38
```
        4.85
7 ) 34.00
     28
        60
        56
        40
```

39
```
        7.4
5 ) 37.00
     35
        20
        20
         0
```

40
```
        3.87
8 ) 31.00
     24
        70
        64
        60
```

41
```
        4.28
  7 )30.00
       28
        20
        14
        60
```

42
```
        9.25
  4 )37.00
       36
        10
         8
        20
```

43
```
        5.87
  8 )47.00
       40
        70
        64
        60
```

44
```
        4.12
  8 )33.00
       32
        10
         8
        20
```

45
```
       14.33
  3 )43.00
       42
        10
         9
        10
```

46.
```
        6.66
6 ) 40.00
     36
        40
        36
        40
```

47.
```
        6.71
7 ) 47.00
     42
        50
        49
        10
```

48.
```
        6.83
6 ) 41.00
     36
        50
        48
        20
```

49.
```
        11.5
4 ) 46.00
     44
        20
        20
         0
```

50.
```
       10.66
3 ) 32.00
     30
        20
        18
        20
```

51
```
        5.12
   8 )41.00
        40
         10
          8
         20
```

52
```
        8.2
   5 )41.00
        40
         10
         10
          0
```

53
```
        5.4
   5 )27.00
        25
         20
         20
          0
```

54
```
       20.5
   2 )41.00
        40
         10
         10
          0
```

55
```
        7.83
   6 )47.00
        42
         50
         48
         20
```

56
```
        19.5
2 )39.00
       38
       10
       10
        0
```

57
```
        3.85
7 )27.00
       21
       60
       56
       40
```

58
```
        5.28
7 )37.00
       35
       20
       14
       60
```

59
```
       10.33
3 )31.00
       30
       10
        9
       10
```

60
```
        9.66
3 )29.00
       27
       20
       18
       20
```

61
```
        7.8
5 ) 39.00
     35
        40
        40
         0
```

62
```
        7.75
4 ) 31.00
     28
        30
        28
        20
```

63
```
        4.71
7 ) 33.00
     28
        50
        49
        10
```

64
```
       10.25
4 ) 41.00
     40
        10
         8
        20
```

65
```
       15.5
2 ) 31.00
     30
        10
        10
         0
```

66
```
        8.75
4 ) 35.00
      32
         30
         28
         20
```

67
```
        9.4
5 ) 47.00
      45
         20
         20
          0
```

68
```
       22.5
2 ) 45.00
      44
         10
         10
          0
```

69
```
        6.5
6 ) 39.00
      36
         30
         30
          0
```

70
```
        5.37
8 ) 43.00
      40
         30
         24
         60
```

71
```
        5.75
8 )46.00
     40
        60
        56
        40
```

72
```
        4.5
6 )27.00
     24
        30
        30
         0
```

73
```
       10.5
4 )42.00
     40
        20
        20
         0
```

74
```
        7.6
5 )38.00
     35
        30
        30
         0
```

75
```
        5.66
6 )34.00
     30
        40
        36
        40
```

76
```
        10.75
    4 )43.00
        40
          30
          28
          20
```

77
```
         4.42
    7 )31.00
        28
          30
          28
          20
```

78
```
         8.6
    5 )43.00
        40
          30
          30
           0
```

79
```
         9.6
    5 )48.00
        45
          30
          30
           0
```

80
```
         8.5
    4 )34.00
        32
          20
          20
           0
```

81
```
       7.25
4 )29.00
      28
       10
        8
       20
```

82
```
       8.4
5 )42.00
      40
       20
       20
        0
```

83
```
       4.66
6 )28.00
      24
       40
       36
       40
```

84
```
       5.25
8 )42.00
      40
       20
       16
       40
```

85
```
      12.66
3 )38.00
      36
       20
       18
       20
```

86
```
        8.33
3 ) 25.00
      24
       10
        9
       10
```

87
```
        4.25
8 ) 34.00
      32
       20
       16
       40
```

88
```
        6.8
5 ) 34.00
      30
       40
       40
        0
```

89
```
        9.75
4 ) 39.00
      36
       30
       28
       20
```

90
```
        4.5
8 ) 36.00
      32
       40
       40
        0
```

91
```
        14.5
2 ) 29.00
     28
        10
        10
         0
```

92
```
        15.66
3 ) 47.00
     45
        20
        18
        20
```

93
```
        4.87
8 ) 39.00
     32
        70
        64
        60
```

94
```
        6.42
7 ) 45.00
     42
        30
        28
        20
```

95
```
        3.37
8 ) 27.00
     24
        30
        24
        60
```

96.
```
        3.75
     _____
8 ) 30.00
     24
     __
        60
        56
        __
        40
```

97.
```
        23.5
     _____
2 ) 47.00
     46
     __
        10
        10
        __
         0
```

98.
```
        5.5
     _____
6 ) 33.00
     30
     __
        30
        30
        __
         0
```

99.
```
        7.5
     _____
4 ) 30.00
     28
     __
        20
        20
        __
         0
```

100.
```
        5.6
     _____
5 ) 28.00
     25
     __
        30
        30
        __
         0
```

101
```
        15.33
   3 )46.00
       45
        10
         9
        10
```

102
```
        21.5
   2 )43.00
       42
        10
        10
         0
```

103
```
         6.6
   5 )33.00
       30
        30
        30
         0
```

104
```
        18.5
   2 )37.00
       36
        10
        10
         0
```

105
```
         4.83
   6 )29.00
       24
        50
        48
        20
```

106
```
        6.57
 7 ) 46.00
      42
         40
         35
         50
```

107
```
        3.57
 7 ) 25.00
      21
         40
         35
         50
```

108
```
        5.42
 7 ) 38.00
      35
         30
         28
         20
```

109
```
        5.2
 5 ) 26.00
      25
         10
         10
          0
```

110
```
        5.83
 6 ) 35.00
      30
         50
         48
         20
```

111
```
        8.25
   4 )33.00
        32
         10
          8
         20
```

112
```
        4.37
   8 )35.00
        32
         30
         24
         60
```

113
```
       12.5
   2 )25.00
        24
         10
         10
          0
```

114
```
        5.14
   7 )36.00
        35
         10
          7
         30
```

115
```
        6.5
   4 )26.00
        24
         20
         20
          0
```

116
```
        5.33
6 ) 32.00
      30
       20
       18
        20
```

117
```
       11.33
3 ) 34.00
      33
       10
        9
        10
```

118
```
        4.62
8 ) 37.00
      32
       50
       48
        20
```

119
```
       11.75
4 ) 47.00
      44
       30
       28
        20
```

120
```
       13.33
3 ) 40.00
      39
       10
        9
        10
```

121
```
        8.66
   3 )26.00
       24
        20
        18
        20
```

122
```
        5.8
   5 )29.00
       25
        40
        40
         0
```

123
```
        7.2
   5 )36.00
       35
        10
        10
         0
```

124
```
        7.16
   6 )43.00
       42
        10
         6
        40
```

125
```
       13.66
   3 )41.00
       39
        20
        18
        20
```

126
```
        4.8
 5 )24.00
      20
        40
        40
         0
```

127
```
        4.33
 6 )26.00
      24
        20
        18
        20
```

128
```
       13.5
 2 )27.00
     26
        10
        10
         0
```

129
```
        6.14
 7 )43.00
      42
        10
         7
        30
```

130
```
        8.14
 7 )57.00
      56
        10
         7
        30
```

131
```
        5.87
    8 )47.00
       40
        70
        64
         60
```

132
```
         5.09
    11 )56.00
        55
         10
          0
         100
```

133
```
         3.25
    12 )39.00
        36
         30
         24
          60
```

134
```
         4.9
    10 )49.00
        40
         90
         90
          0
```

135
```
         4.41
    12 )53.00
        48
         50
         48
          20
```

136
```
          4.3
10 ) 43.00
       40
        30
        30
         0
```

137
```
          4.18
11 ) 46.00
       44
        20
        11
        90
```

138
```
         3.88
9 ) 35.00
      27
       80
       72
       80
```

139
```
          3.08
12 ) 37.00
       36
        10
         0
       100
```

140
```
          4.9
11 ) 54.00
       44
       100
        99
        10
```

141
```
         5.3
10 ) 53.00
     50
        30
        30
         0
```

142
```
        6.11
9 ) 55.00
    54
       10
        9
       10
```

143
```
         4.08
12 ) 49.00
     48
        10
         0
       100
```

144
```
         3.83
12 ) 46.00
     36
       100
        96
        40
```

145
```
        7.42
7 ) 52.00
    49
       30
       28
       20
```

146
```
        6.25
   8 )50.00
       48
        20
        16
        40
```

147
```
        4.77
   9 )43.00
       36
        70
        63
        70
```

148
```
        4.33
   9 )39.00
       36
        30
        27
        30
```

149
```
         3.16
   12 )38.00
        36
         20
         12
         80
```

150
```
         4.45
   11 )49.00
        44
         50
         44
         60
```

151
```
        4.8
10 ) 48.00
     40
        80
        80
         0
```

152
```
       7.12
8 ) 57.00
    56
       10
        8
       20
```

153
```
        4.4
10 ) 44.00
     40
        40
        40
         0
```

154
```
       4.33
12 ) 52.00
     48
        40
        36
        40
```

155
```
       5.14
7 ) 36.00
    35
       10
        7
       30
```

156
```
        7.28
7 ) 51.00
     49
        20
        14
        60
```

157
```
        6.5
6 ) 39.00
     36
        30
        30
         0
```

158
```
        5.12
8 ) 41.00
     40
        10
         8
        20
```

159
```
        6.83
6 ) 41.00
     36
        50
        48
        20
```

160
```
         3.75
12 ) 45.00
      36
         90
         84
         60
```

161
```
        5.42
7 ) 38.00
      35
         30
         28
         20
```

162
```
         5.1
10 ) 51.00
       50
          10
          10
           0
```

163
```
        8.33
6 ) 50.00
      48
         20
         18
         20
```

164
```
        7.14
7 ) 50.00
      49
         10
          7
         30
```

165
```
        7.5
6 ) 45.00
      42
         30
         30
          0
```

166
```
        4.87
    8 )39.00
        32
         70
         64
         60
```

167
```
        9.5
    6 )57.00
        54
         30
         30
          0
```

168
```
        6.71
    7 )47.00
        42
         50
         49
         10
```

169
```
        6.14
    7 )43.00
        42
         10
          7
         30
```

170
```
        3.5
   12 )42.00
        36
         60
         60
          0
```

171
```
          3.8
10 ) 38.00
     30
        80
        80
         0
```

172
```
          7.71
7 ) 54.00
    49
       50
       49
       10
```

173
```
          4.7
10 ) 47.00
     40
        70
        70
         0
```

174
```
          5.55
9 ) 50.00
    45
       50
       45
       50
```

175
```
          4.58
12 ) 55.00
     48
        70
        60
       100
```

176
```
         4.63
    11 )51.00
         44
         ‾‾
          70
          66
          ‾‾
          40
```

177
```
         5.2
    10 )52.00
         50
         ‾‾
          20
          20
          ‾‾
           0
```

178
```
         3.36
    11 )37.00
         33
         ‾‾
          40
          33
          ‾‾
          70
```

179
```
         4.75
    12 )57.00
         48
         ‾‾
          90
          84
          ‾‾
          60
```

180
```
         4.72
    11 )52.00
         44
         ‾‾
          80
          77
          ‾‾
          30
```

181
```
        5.22
 9 ) 47.00
       45
        20
        18
        20
```

182
```
         2.91
 12 ) 35.00
        24
        110
        108
         20
```

183
```
        9.66
 6 ) 58.00
       54
        40
        36
        40
```

184
```
        6.22
 9 ) 56.00
       54
        20
        18
        20
```

185
```
        5.11
 9 ) 46.00
       45
        10
         9
        10
```

186
```
        4.11
   9 )37.00
        36
         10
          9
         10
```

187
```
        3.54
  11 )39.00
        33
         60
         55
         50
```

188
```
        5.83
   6 )35.00
        30
         50
         48
         20
```

189
```
        4.44
   9 )40.00
        36
         40
         36
         40
```

190
```
        5.66
   9 )51.00
        45
         60
         54
         60
```

191
```
        7.85
7 ) 55.00
     49
        60
        56
        40
```

192
```
        6.28
7 ) 44.00
     42
        20
        14
        60
```

193
```
        8.28
7 ) 58.00
     56
        20
        14
        60
```

194
```
        6.66
6 ) 40.00
     36
        40
        36
        40
```

195
```
        4.75
8 ) 38.00
     32
        60
        56
        40
```

196
```
        9.33
6 )56.00
      54
        20
        18
        20
```

197
```
        5.62
8 )45.00
      40
        50
        48
        20
```

198
```
         5.18
11 )57.00
      55
        20
        11
        90
```

199
```
        6.44
9 )58.00
      54
        40
        36
        40
```

200
```
         3.66
12 )44.00
      36
        80
        72
        80
```

201
```
         6.42
    7 )45.00
        42
         30
         28
         20
```

202
```
         6.85
    7 )48.00
        42
         60
         56
         40
```

203
```
         5.77
    9 )52.00
        45
         70
         63
         70
```

204
```
         6.37
    8 )51.00
        48
         30
         24
         60
```

205
```
         7.66
    6 )46.00
        42
         40
         36
         40
```

206
```
          5.27
11 )58.00
      55
       30
       22
       80
```

207
```
          4.5
10 )45.00
      40
       50
       50
        0
```

208
```
          8.16
6 )49.00
     48
      10
       6
      40
```

209
```
          5.7
10 )57.00
      50
       70
       70
        0
```

210
```
          6.57
7 )46.00
     42
      40
      35
      50
```

211
```
         3.7
10 ) 37.00
       30
        70
        70
         0
```

212
```
         8.5
 6 ) 51.00
       48
        30
        30
         0
```

213
```
         4.1
10 ) 41.00
       40
        10
        10
         0
```

214
```
         5.71
 7 ) 40.00
       35
        50
        49
        10
```

215
```
         3.27
11 ) 36.00
       33
        30
        22
        80
```

216
```
            3.63
    11 ) 40.00
            33
             70
             66
             40
```

217
```
            3.72
    11 ) 41.00
            33
             80
             77
             30
```

218
```
            4.16
    12 ) 50.00
            48
             20
             12
             80
```

219
```
            5.75
    8 ) 46.00
           40
            60
            56
            40
```

220
```
            6.33
    6 ) 38.00
           36
            20
            18
            20
```

221
```
        4.55
    9 )41.00
        36
         50
         45
         50
```

222
```
        6.75
    8 )54.00
        48
         60
         56
         40
```

223
```
        6.12
    8 )49.00
        48
         10
          8
         20
```

224
```
        4.81
   11 )53.00
        44
         90
         88
         20
```

225
```
        4.54
   11 )50.00
        44
         60
         55
         50
```

226
```
         3.91
12 ) 47.00
     36
       110
       108
        20
```

227
```
        8.83
6 ) 53.00
    48
     50
     48
     20
```

228
```
        4.22
9 ) 38.00
    36
     20
     18
     20
```

229
```
        4.5
8 ) 36.00
    32
     40
     40
      0
```

230
```
        5.44
9 ) 49.00
    45
     40
     36
     40
```

231
```
        7.57
    7 )53.00
        49
          40
          35
          50
```

232
```
        3.9
   10 )39.00
        30
          90
          90
           0
```

233
```
        9.16
    6 )55.00
        54
          10
           6
          40
```

234
```
        5.28
    7 )37.00
        35
          20
          14
          60
```

235
```
        5.57
    7 )39.00
        35
          40
          35
          50
```

236
```
         3.5
10 )35.00
      30
         50
         50
          0
```

237
```
        5.25
8 )42.00
     40
        20
        16
        40
```

238
```
        3.81
11 )42.00
      33
         90
         88
         20
```

239
```
        4.66
12 )56.00
      48
         80
         72
         80
```

240
```
         3.6
10 )36.00
      30
         60
         60
          0
```

241
```
       5.88
   9 )53.00
       45
        80
        72
        80
```

242
```
       4.27
  11 )47.00
       44
        30
        22
        80
```

243
```
       6.33
   9 )57.00
       54
        30
        27
        30
```

244
```
       4.66
   9 )42.00
       36
        60
        54
        60
```

245
```
       6.5
   8 )52.00
       48
        40
        40
         0
```

246
```
        3.18
11 )35.00
      33
        20
        11
        90
```

247
```
        5.8
10 )58.00
      50
        80
        80
         0
```

248
```
        4.36
11 )48.00
      44
        40
        33
        70
```

249
```
        7.83
6 )47.00
     42
        50
        48
        20
```

250
```
        6.62
8 )53.00
     48
        50
        48
        20
```

251
```
        5.6
10 ) 56.00
     50
        60
        60
         0
```

252
```
        5.5
10 ) 55.00
     50
        50
        50
         0
```

253
```
       4.37
8 ) 35.00
    32
       30
       24
       60
```

254
```
       7.25
8 ) 58.00
    56
       20
       16
       40
```

255
```
        3.9
11 ) 43.00
     33
       100
        99
        10
```

256
```
        6.16
6 ) 37.00
     36
        10
         6
        40
```

257
```
         4.2
10 ) 42.00
     40
        20
        20
         0
```

258
```
        5.37
8 ) 43.00
     40
        30
        24
        60
```

259
```
        5.85
7 ) 41.00
     35
        60
        56
        40
```

260
```
         5.4
10 ) 54.00
     50
        40
        40
         0
```

261
```
        3.33
12 )40.00
     36
        40
        36
        40
```

262
```
        4.25
12 )51.00
     48
        30
        24
        60
```

263
```
        7.33
6 )44.00
    42
       20
       18
       20
```

264
```
        3.58
12 )43.00
     36
        70
        60
       100
```

265
```
        3.45
11 )38.00
     33
        50
        44
        60
```

266
```
        8.66
6 ) 52.00
      48
        40
        36
         40
```

267
```
        3.41
12 ) 41.00
       36
        50
        48
         20
```

268
```
        5.33
9 ) 48.00
     45
       30
       27
        30
```

269
```
        4.88
9 ) 44.00
     36
       80
       72
        80
```

270
```
        4.62
8 ) 37.00
     32
       50
       48
        20
```

271
```
        6.87
8 ) 55.00
      48
          70
          64
          60
```

272
```
        5.5
8 ) 44.00
      40
          40
          40
           0
```

273
```
         4.5
12 ) 54.00
       48
           60
           60
            0
```

274
```
         4.83
12 ) 58.00
       48
          100
           96
           40
```

275
```
        7.16
6 ) 43.00
      42
          10
           6
          40
```

276
```
         4.6
10 ) 46.00
     40
         60
         60
          0
```

277
```
         3.23
17 ) 55.00
     51
         40
         34
         60
```

278
```
         4.4
15 ) 66.00
     60
         60
         60
          0
```

279
```
         3.26
15 ) 49.00
     45
         40
         30
        100
```

280
```
         5.5
14 ) 77.00
     70
         70
         70
          0
```

281
```
        4.37
16 ) 70.00
     64
        60
        48
       120
```

282
```
        4.52
17 ) 77.00
     68
        90
        85
        50
```

283
```
        4.85
14 ) 68.00
     56
       120
       112
        80
```

284
```
        4.5
14 ) 63.00
     56
        70
        70
         0
```

285
```
        4.12
16 ) 66.00
     64
        20
        16
        40
```

286
```
        4.23
17 ) 72.00
     68
        40
        34
        60
```

287
```
        5.33
12 ) 64.00
     60
        40
        36
        40
```

288
```
        4.6
15 ) 69.00
     60
        90
        90
         0
```

289
```
        3.71
14 ) 52.00
     42
       100
        98
        20
```

290
```
        3.17
17 ) 54.00
     51
        30
        17
       130
```

291.
```
         3.57
    14 )50.00
         42
          80
          70
         100
```

292.
```
         3.68
    16 )59.00
         48
         110
          96
         140
```

293.
```
         5.06
    15 )76.00
         75
          10
           0
         100
```

294.
```
         6.16
    12 )74.00
         72
          20
          12
          80
```

295.
```
         4.33
    12 )52.00
         48
          40
          36
          40
```

296
```
         4.23
13 ) 55.00
       52
        30
        26
        40
```

297
```
         4.81
16 ) 77.00
       64
       130
       128
        20
```

298
```
         3.69
13 ) 48.00
       39
        90
        78
       120
```

299
```
         3.66
15 ) 55.00
       45
       100
        90
       100
```

300
```
         4.93
16 ) 79.00
       64
       150
       144
        60
```

301
```
        3.25
16 ) 52.00
       48
        40
        32
        80
```

302
```
        4.53
13 ) 59.00
       52
        70
        65
        50
```

303
```
        5.23
13 ) 68.00
       65
        30
        26
        40
```

304
```
        3.64
17 ) 62.00
       51
       110
       102
        80
```

305
```
        4.2
15 ) 63.00
       60
        30
        30
         0
```

306
```
        3.94
18 )71.00
     54
        170
        162
         80
```

307
```
        3.81
16 )61.00
     48
        130
        128
         20
```

308
```
        4.05
18 )73.00
     72
        10
         0
        100
```

309
```
        3.83
18 )69.00
     54
        150
        144
         60
```

310
```
        4.66
12 )56.00
     48
        80
        72
        80
```

311
```
         3.11
   17 )53.00
        51
         20
         17
         30
```

312
```
         3.55
   18 )64.00
        54
        100
         90
        100
```

313
```
         6.08
   12 )73.00
        72
         10
          0
        100
```

314
```
         4.31
   16 )69.00
        64
         50
         48
         20
```

315
```
         5.41
   12 )65.00
        60
         50
         48
         20
```

316
```
        4.17
17 ) 71.00
      68
        30
        17
       130
```

317
```
        4.56
16 ) 73.00
      64
        90
        80
       100
```

318
```
        5.76
13 ) 75.00
      65
       100
        91
        90
```

319
```
        3.88
18 ) 70.00
      54
       160
       144
       160
```

320
```
        6.58
12 ) 79.00
      72
        70
        60
       100
```

321
```
        5.57
14 )78.00
     70
      80
      70
     100
```

322
```
        3.43
16 )55.00
     48
      70
      64
      60
```

323
```
        3.84
13 )50.00
     39
     110
     104
      60
```

324
```
        3.8
15 )57.00
     45
     120
     120
       0
```

325
```
        3.16
18 )57.00
     54
      30
      18
     120
```

326
```
         5.53
13 ) 72.00
     65
         70
         65
         50
```

327
```
         4.7
17 ) 80.00
     68
        120
        119
         10
```

328
```
         4.33
18 ) 78.00
     72
         60
         54
         60
```

329
```
         4.15
13 ) 54.00
     52
         20
         13
         70
```

330
```
         5.13
15 ) 77.00
     75
         20
         15
         50
```

331
```
         3.41
17 ) 58.00
     51
        70
        68
        20
```

332
```
         3.11
18 ) 56.00
     54
        20
        18
        20
```

333
```
         5.61
13 ) 73.00
     65
        80
        78
        20
```

334
```
         4.64
14 ) 65.00
     56
        90
        84
        60
```

335
```
         4.33
15 ) 65.00
     60
        50
        45
        50
```

336
```
        5.14
14 ) 72.00
     70
      20
      14
      60
```

337
```
        4.87
16 ) 78.00
     64
     140
     128
     120
```

338
```
        4.13
15 ) 62.00
     60
      20
      15
      50
```

339
```
        3.2
15 ) 48.00
     45
      30
      30
       0
```

340
```
        4.91
12 ) 59.00
     48
     110
     108
      20
```

341
```
        6.25
12 )75.00
     72
      30
      24
      60
```

342
```
        6.33
12 )76.00
     72
      40
      36
      40
```

343
```
        5.83
12 )70.00
     60
      100
       96
       40
```

344
```
        3.35
17 )57.00
     51
      60
      51
      90
```

345
```
        3.58
17 )61.00
     51
      100
       85
      150
```

346
```
        3.4
15 ) 51.00
     45
        60
        60
         0
```

347
```
        4.11
17 ) 70.00
     68
        20
        17
        30
```

348
```
        4.92
13 ) 64.00
     52
       120
       117
        30
```

349
```
        5.75
12 ) 69.00
     60
        90
        84
        60
```

350
```
        4.07
14 ) 57.00
     56
        10
         0
       100
```

351
```
         6.66
12 ) 80.00
     72
      80
      72
      80
```

352
```
         4.58
12 ) 55.00
     48
      70
      60
     100
```

353
```
         4.42
14 ) 62.00
     56
      60
      56
      40
```

354
```
         4.38
13 ) 57.00
     52
      50
      39
     110
```

355
```
         4.3
13 ) 56.00
     52
      40
      39
      10
```

356
```
        3.75
16 ) 60.00
     48
        120
        112
         80
```

357
```
        4.58
17 ) 78.00
     68
        100
         85
        150
```

358
```
        3.76
13 ) 49.00
     39
        100
         91
         90
```

359
```
        4.07
13 ) 53.00
     52
         10
          0
        100
```

360
```
        4.8
15 ) 72.00
     60
        120
        120
          0
```

361
```
        3.5
18 ) 63.00
     54
        90
        90
         0
```

362
```
        3.22
18 ) 58.00
     54
        40
        36
        40
```

363
```
        3.92
13 ) 51.00
     39
        120
        117
         30
```

364
```
        3.61
18 ) 65.00
     54
        110
        108
         20
```

365
```
        3.93
16 ) 63.00
     48
        150
        144
         60
```

366
```
         3.5
16 ) 56.00
      48
       80
       80
        0
```

367
```
         4.29
17 ) 73.00
      68
       50
       34
      160
```

368
```
         4.41
17 ) 75.00
      68
       70
       68
       20
```

369
```
         4.26
15 ) 64.00
      60
       40
       30
      100
```

370
```
         5.21
14 ) 73.00
      70
       30
       28
       20
```

371
```
        4.64
17 ) 79.00
       68
        110
        102
         80
```

372
```
        3.44
18 ) 62.00
       54
        80
        72
        80
```

373
```
        3.33
15 ) 50.00
       45
        50
        45
        50
```

374
```
        4.47
17 ) 76.00
       68
        80
        68
        120
```

375
```
        3.72
18 ) 67.00
       54
        130
        126
         40
```

376
```
        3.37
16 ) 54.00
     48
      60
      48
     120
```

377
```
        5.07
13 ) 66.00
     65
      10
       0
     100
```

378
```
        4.25
16 ) 68.00
     64
      40
      32
      80
```

379
```
        5.91
12 ) 71.00
     60
     110
     108
      20
```

380
```
        3.64
14 ) 51.00
     42
      90
      84
      60
```

381
```
         2.94
18 ) 53.00
      36
        170
        162
         80
```

382
```
         2.72
18 ) 49.00
      36
        130
        126
         40
```

383
```
        5.3
13 ) 69.00
     65
        40
        39
        10
```

384
```
        4.35
17 ) 74.00
     68
        60
        51
        90
```

385
```
        5.15
13 ) 67.00
     65
        20
        13
        70
```

386
```
          5.66
    12 ) 68.00
         60
          80
          72
          80
```

387
```
          4.75
    12 ) 57.00
         48
          90
          84
          60
```

388
```
          3.85
    14 ) 54.00
         42
         120
         112
          80
```

389
```
          3.53
    15 ) 53.00
         45
          80
          75
          50
```

390
```
          4.28
    14 ) 60.00
         56
          40
          28
         120
```

391
```
          6.5
12 ) 78.00
     72
        60
        60
         0
```

392
```
          5.07
14 ) 71.00
     70
        10
         0
       100
```

393
```
          4.5
12 ) 54.00
     48
        60
        60
         0
```

394
```
          3.66
18 ) 66.00
     54
       120
       108
       120
```

395
```
          2.77
18 ) 50.00
     36
       140
       126
       140
```

396
```
       3.93
15 )59.00
     45
       140
       135
        50
```

397
```
       5.35
14 )75.00
     70
       50
       42
        80
```

398
```
       3.38
18 )61.00
     54
       70
       54
       160
```

399
```
       4.75
16 )76.00
     64
       120
       112
        80
```

400
```
       3.76
17 )64.00
     51
       130
       119
       110
```

401
```
        3.5
14 )49.00
     42
      70
      70
       0
```

402
```
        2.83
18 )51.00
     36
      150
      144
       60
```

403
```
        3.87
16 )62.00
     48
      140
      128
      120
```

404
```
        3.06
16 )49.00
     48
      10
       0
      100
```

405
```
        3.82
17 )65.00
     51
      140
      136
       40
```

406
```
        5.2
15 ) 78.00
     75
        30
        30
         0
```

407
```
        3.92
14 ) 55.00
     42
        130
        126
         40
```

408
```
        4.84
13 ) 63.00
     52
        110
        104
         60
```

409
```
        3.12
16 ) 50.00
     48
         20
         16
         40
```

410
```
        4.57
14 ) 64.00
     56
         80
         70
        100
```

411
```
         2.66
    ─────────
18 ) 48.00
     36
     ──
        120
        108
        ───
        120
```

412
```
         4.68
    ─────────
16 ) 75.00
     64
     ──
        110
         96
        ───
        140
```

413
```
         4.27
    ─────────
18 ) 77.00
     72
     ──
         50
         36
        ───
        140
```

414
```
         4.71
    ─────────
14 ) 66.00
     56
     ──
        100
         98
        ───
         20
```

415
```
         3.56
    ─────────
16 ) 57.00
     48
     ──
         90
         80
        ───
        100
```

416
```
        5.33
15 )80.00
     75
        50
        45
        50
```

417
```
        3.05
18 )55.00
     54
        10
         0
       100
```

418
```
        5.46
13 )71.00
     65
        60
        52
        80
```

419
```
        5.84
13 )76.00
     65
       110
       104
        60
```

420
```
        5.08
12 )61.00
     60
        10
         0
       100
```

421
```
         4.93
15 ) 74.00
     60
        140
        135
         50
```

422
```
         5.38
13 ) 70.00
     65
        50
        39
       110
```

423
```
         4.41
12 ) 53.00
     48
        50
        48
        20
```

424
```
         3.73
15 ) 56.00
     45
       110
       105
        50
```

425
```
         3.18
16 ) 51.00
     48
        30
        16
       140
```

426
```
        3.31
16 )53.00
      48
       50
       48
       20
```

427
```
        3.94
17 )67.00
      51
       160
       153
        70
```

428
```
        4.69
13 )61.00
      52
       90
       78
       120
```

429
```
        4.46
13 )58.00
      52
       60
       52
       80
```

430
```
        5.58
12 )67.00
      60
       70
       60
       100
```

431
```
        3.42
14 ) 48.00
     42
        60
        56
        40
```

432
```
        5.42
14 ) 76.00
     70
        60
        56
        40
```

433
```
        4.78
14 ) 67.00
     56
       110
        98
       120
```

434
```
        3.27
18 ) 59.00
     54
        50
        36
       140
```

435
```
        4.06
16 ) 65.00
     64
        10
         0
       100
```

436
```
        2.88
17 ) 49.00
       34
        150
        136
        140
```

437
```
        4.22
18 ) 76.00
       72
        40
        36
        40
```

438
```
        3.29
17 ) 56.00
       51
        50
        34
        160
```

439
```
        3.33
18 ) 60.00
       54
        60
        54
        60
```

440
```
        4.53
15 ) 68.00
       60
        80
        75
        50
```

441
```
        4.14
14 ) 58.00
     56
        20
        14
        60
```

442
```
        2.88
18 ) 52.00
     36
       160
       144
       160
```

443
```
        5.25
12 ) 63.00
     60
       30
       24
       60
```

444
```
        3.77
18 ) 68.00
     54
       140
       126
       140
```

445
```
        3.46
15 ) 52.00
     45
       70
       60
       100
```

446
```
        4.46
15 ) 67.00
     60
        70
        60
        100
```

447
```
        6.15
13 ) 80.00
     78
        20
        13
        70
```

448
```
        4.11
18 ) 74.00
     72
        20
        18
        20
```

449
```
        4.21
14 ) 59.00
     56
        30
        28
        20
```

450
```
        4.08
12 ) 49.00
     48
        10
         0
        100
```

451
```
        4.18
16 ) 67.00
     64
      30
      16
     140
```

452
```
        4.76
13 ) 62.00
     52
     100
      91
      90
```

453
```
        4.73
15 ) 71.00
     60
     110
     105
      50
```

454
```
        6.07
13 ) 79.00
     78
      10
       0
     100
```

455
```
        3.7
17 ) 63.00
     51
     120
     119
      10
```

456
```
         5.16
    12 )62.00
        60
         20
         12
         80
```

457
```
         5.92
    13 )77.00
        65
        120
        117
         30
```

458
```
         5.71
    14 )80.00
        70
        100
         98
         20
```

459
```
         4.43
    16 )71.00
        64
         70
         64
         60
```

460
```
         4.66
    15 )70.00
        60
        100
         90
        100
```

461
```
       3.86
15 )58.00
     45
     130
     120
     100
```

462
```
       5.5
12 )66.00
     60
     60
     60
      0
```

463
```
       5.69
13 )74.00
     65
     90
     78
     120
```

464
```
       3.05
17 )52.00
     51
     10
      0
     100
```

465
```
       4.86
15 )73.00
     60
     130
     120
     100
```

466
```
         3.52
    17 )60.00
         51
          90
          85
          50
```

467
```
         4.44
    18 )80.00
         72
          80
          72
          80
```

468
```
         4.35
    14 )61.00
         56
          50
          42
          80
```

469
```
         4.5
    16 )72.00
         64
          80
          80
           0
```

470
```
         4.61
    13 )60.00
         52
          80
          78
          20
```

471
```
        2.94
17 ) 50.00
       34
          160
          153
           70
```

472
```
        3.78
14 ) 53.00
       42
          110
           98
          120
```

473
```
        2.82
17 ) 48.00
       34
          140
          136
           40
```

474
```
        4.16
18 ) 75.00
       72
           30
           18
          120
```

475
```
        4.25
12 ) 51.00
       48
           30
           24
           60
```

476
```
        5.64
14 ) 79.00
     70
      90
      84
      60
```

477
```
        4.06
15 ) 61.00
     60
      10
       0
     100
```

478
```
        5.28
14 ) 74.00
     70
      40
      28
     120
```

479
```
        4.92
14 ) 69.00
     56
     130
     126
      40
```

480
```
        3.62
16 ) 58.00
     48
     100
      96
      40
```

481
```
          5.26
   15 )79.00
         75
          40
          30
         100
```

482
```
          4.16
   12 )50.00
         48
          20
          12
          80
```

483
```
          4.62
   16 )74.00
         64
         100
          96
          40
```

484
```
          3.6
   15 )54.00
         45
          90
          90
           0
```

485
```
          6.41
   12 )77.00
         72
          50
          48
          20
```

486
```
        4.83
   12 )58.00
        48
         100
          96
          40
```

487
```
        3.88
   17 )66.00
        51
         150
         136
         140
```

488
```
        4.38
   18 )79.00
        72
         70
         54
         160
```

489
```
        3.47
   17 )59.00
        51
         80
         68
         120
```

490
```
        4.05
   17 )69.00
        68
         10
          0
         100
```

491
```
         5.09
    21 )107.00
        105
             20
              0
            200
```

492
```
         3.91
    23 )90.00
        69
           210
           207
             30
```

493
```
         4.15
    19 )79.00
        76
           30
           19
          110
```

494
```
         3.8
    25 )95.00
        75
           200
           200
             0
```

495
```
         3.76
    25 )94.00
        75
           190
           175
           150
```

496
```
         2.83
    24 )68.00
         48
          200
          192
              80
```

497
```
         5.85
    20 )117.00
         100
           170
           160
               100
```

498
```
         5.33
    18 )96.00
         90
          60
          54
             60
```

499
```
         5.55
    18 )100.00
         90
          100
            90
           100
```

500
```
         4.48
    25 )112.00
         100
          120
          100
              200
```

www.ingramcontent.com/pod-product-compliance
Lightning Source LLC
Chambersburg PA
CBHW031609210526
45464CB00004B/1503